獻給葛莉塔‧童貝里，她讓我們知道一個人能夠做到多少事情。
也獻給各地的年輕行動家以及植樹者。
——黛博拉‧霍普金森

當孩子進入不斷發問「你知不知道……？」的階段，
就很適合讀這本書。
——查克‧葛洛尼

Exploring 012

ONLY ONE 宇宙、地球和萬物誕生的故事

作　者｜黛博拉‧霍普金森 Deborah Hopkinson
繪　者｜查克‧葛洛尼 Chuck Groenink
翻　譯｜蕭辰倢

字畝文化創意有限公司
社長兼總編輯｜馮季眉
責任編輯｜巫佳蓮
編　輯｜戴鈺娟、陳心方
美術設計｜丸同連合
出　版｜字畝文化創意有限公司
發　行｜遠足文化事業股份有限公司
地　址｜231 新北市新店區民權路 108-2 號 9 樓
電　話｜(02)2218-1417
傳　真｜(02)8667-1065
電子信箱｜service@bookrep.com.tw
網　址｜www.bookrep.com.tw

讀書共和國出版集團
社長｜郭重興　發行人｜曾大福
業務平臺總經理｜李雪麗　業務平臺副總經理｜李復民
實體書店暨直營網路書店組｜林詩富、郭文弘、賴佩瑜、
王文賓、周宥騰、范光杰
海外通路組｜張鑫峰、林裴瑤　特販組｜陳綺瑩、郭文龍
印務部｜江域平、黃禮賢、李孟儒

法律顧問｜華洋法律事務所　蘇文生律師
印　製｜通南彩色印刷有限公司

2023 年 3 月　初版一刷
定價｜350 元　書號｜XBER0012
ISBN 978-626-7200-41-4

國家圖書館出版品預行編目（CIP）資料

ONLY ONE 宇宙、地球和萬物誕生
的故事／黛博拉‧霍普金森（Deborah
Hopkinson）文；查克‧葛洛尼（Chuck
Groenink）圖；蕭辰倢譯.－初版.－新北
市：字畝文化創意有限公司出版：遠足文
化事業股份有限公司發行，2023.03
40面；26×24.7公分.－（Exploring；
12）
譯自：Only one
ISBN 978-626-7200-41-4（精裝）

1.CST：宇宙　2.CST：天文學
3.CST：繪本
4.SHTB：天文－3-6歲幼兒讀物
323.9　　111020497

ONLY ONE

宇宙、地球和萬物誕生的故事

文　黛博拉·霍普金森 Deborah Hopkinson　　圖　查克·葛洛尼 Chuck Groenink

譯　蕭辰僆

「一」很特別。
這個故事，
就是從「一」開始的。

在ㄗㄞˋ很ㄏㄣˇ久ㄐㄧㄡˇ、很ㄏㄣˇ久ㄐㄧㄡˇ以ㄧˇ前ㄑㄧㄢˊ，
差ㄔㄚ不ㄅㄨˋ多ㄉㄨㄛ一ㄧ百ㄅㄞˇ四ㄙˋ十ㄕˊ億ㄧˋ年ㄋㄧㄢˊ前ㄑㄧㄢˊ——
有ㄧㄡˇ一ㄧ個ㄍㄜˋ小ㄒㄧㄠˇ東ㄉㄨㄥ西ㄒㄧ爆ㄅㄠˋ炸ㄓㄚˋ，
引ㄧㄣˇ發ㄈㄚ了ㄌㄜ……

霹ㄆㄧ靂ㄌㄧ‼

接ㄐㄧㄝ著ㄓㄜ，**一ㄧ切ㄑㄧㄝ**都ㄉㄡ出ㄔㄨ現ㄒㄧㄢ了ㄌㄜ。

這ㄓㄜ些ㄒㄧㄝ從ㄘㄨㄥ大ㄉㄚ霹ㄆㄧ靂ㄌㄧ中ㄓㄨㄥ產ㄔㄢ生ㄕㄥ的ㄉㄜ東ㄉㄨㄥ西ㄒㄧ，

我ㄨㄛ們ㄇㄣ叫ㄐㄧㄠ它ㄊㄚ「宇ㄩ宙ㄓㄡ」。

在我們的宇宙裡，
有許多又熱、又會發光的球，
不管怎麼數都數不完。
當我們抬頭看天空的時候，
它們像是一閃一閃的小亮點。
我們叫這些小亮點「恆星」。

在遠闊到不行的太空中，
一大群、一大群的恆星
照亮了黑暗。
這些聚集在一起的恆星，
我們稱為「星系」。

在宇宙裡可能有兩兆個以上的星系，
而有些星系是依照它們的形狀命名的。

車輪星系

向日葵星系

墨西哥帽星系

蝌蚪星系

兩兆個星系裡，只有一個星系是我們的家。
我們住的地方就叫「銀河系」。

銀河系裡，
至少有一千億顆恆星。
大部分都離我們好遠好遠，
只有用望遠鏡才能看見。
即使我們運氣再好，
在最黑的夜晚，
最多也只能看到四千顆恆星。

但是在白天的時候，
天上只有一顆耀眼的恆星。

這唯一一顆恆星離我們夠近，
帶來了溫暖和亮光。
我們叫這顆恆星
「太陽」。

水星　金星　地球　火星

有八顆很大、會旋轉的球
繞著太陽走，
或說繞著太陽「公轉」。
我們叫這些球「行星」。
其中只有一顆是我們的家，
也是我們獨一無二的行星。
我們叫它「地球」。

木ㄇㄨˋ星ㄒㄧㄥ   土ㄊㄨˇ星ㄒㄧㄥ   大ㄉㄚˋ土ㄊㄨˇ星ㄒㄧㄥ   海ㄏㄞˇ土ㄊㄨˇ星ㄒㄧㄥ

其ㄑㄧˊ他ㄊㄚ幾ㄐㄧˇ顆ㄎㄜ行ㄒㄧㄥˊ星ㄒㄧㄥ，叫ㄐㄧㄠˋ做ㄗㄨㄛˋ
「水ㄕㄨㄟˇ星ㄒㄧㄥ」、「金ㄐㄧㄣ星ㄒㄧㄥ」、
「火ㄏㄨㄛˇ星ㄒㄧㄥ」、「木ㄇㄨˋ星ㄒㄧㄥ」、
「土ㄊㄨˇ星ㄒㄧㄥ」、「天ㄊㄧㄢ王ㄨㄤˊ星ㄒㄧㄥ」，
還ㄏㄞˊ有ㄧㄡˇ「海ㄏㄞˇ王ㄨㄤˊ星ㄒㄧㄥ」。

某些行星的身邊，
有許多叫做「衛星」的球繞著它們公轉。
地球只有一顆衛星，
我們叫它「月亮」。

這八顆行星跟它們的衛星，
全都繞著太陽公轉。
另外，宇宙裡還有小小的「矮行星」、
叫做「小行星」的岩石，以及「彗星」。
彗星是有著長尾巴的雪球，
它的尾巴是由冰凍的氣體、岩石跟塵埃組成的。
這幾種星體也全都繞著太陽公轉。
太陽，再加上這些一直打轉、快速移動的東西，
就是我們的「太陽系」。

地球被一層特別的東西包覆著。
因為有它，
我們才能呼吸、
天上才會下雨、
植物才會長大。
我們叫這層東西「大氣層」。

地球上還有七塊巨大的陸地，
叫做「七大洲」。

有ㄧㄡˇ五ㄨˇ片ㄆㄧㄢˋ廣ㄍㄨㄤˇ闊ㄎㄨㄛˋ的ㄉㄜ˙水ㄕㄨㄟˇ域ㄩˋ，叫ㄐㄧㄠˋ做ㄗㄨㄛˋ「海ㄏㄞˇ洋ㄧㄤˊ」；
另ㄌㄧㄥˋ外ㄨㄞˋ，還ㄏㄞˊ有ㄧㄡˇ很ㄏㄣˇ多ㄉㄨㄛ的ㄉㄜ˙河ㄏㄜˊ川ㄔㄨㄢ、湖ㄏㄨˊ泊ㄆㄛˊ跟ㄍㄣ溪ㄒㄧ流ㄌㄧㄡˊ。

地球上有山脈、沙漠

島嶼、火山

峽谷

還有雨林。

地球上住著八百七十萬種
不同的生物。
這些不同的生物，
我們稱之為「物種」。
地球有一萬多種鳥兒，
兩萬五千多種魚兒……

另外，地球上有九十萬種昆蟲，
有大樹、小樹，
各種顏色的花朵，
蔬菜、苔蘚、蘑菇、哺乳類，
還有好幾千種非常小、
非常小的微生物。

這些微生物有的實在太小了，
我們用眼睛看不見，
只能用顯微鏡才能找到。

我們的地球孕育所有的生命，
還有我們大家——
八十多億個人類。

我們擁有八十億個同伴，
但是每個人卻都不一樣。
我們擁有自己的身體、腦袋、指紋，
還有心裡的感受。
在這個世界上，
人們穿著不同的衣服，
吃著不一樣的食物，
還說著各種語言。

愛地球
植樹造林

雖然我們如此不同，
卻都是這個人類大家庭的
一分子，
也是眾多生命的其中一種。

愛地球
植樹造林活動

我們只有一個地球，
它是我們獨一無二的行星，
我們必須重視它、
愛護它、保護它。

「一」很ㄣ特ㄊ別ㄅ。

這ㄓ個ㄍ故ㄍ事ㄕ的ㄉ結ㄐ尾ㄨ，就ㄐ是ㄕ新ㄒ故ㄍ事ㄕ的ㄉ起ㄑ點ㄉ。

你ㄋ可ㄎ以ㄧ從ㄘ種ㄓ下ㄒㄧㄚ一棵ㄎ樹ㄕ開ㄎ始ㄕ新ㄒ的ㄉ故ㄍ事ㄕ。

我們只有一個地球，
它是獨一無二的，
我們必須愛護它、保護它。

　　我們的地球正在面臨嚴酷的挑戰！隨著人類對環境的破壞加劇，地球的天氣變得愈來愈奇怪，也影響了地球上所有的動物和植物。

　　每年的四月二十二日是世界地球日（Earth Day），除了種一棵樹之外，你或許還能用下面這些方式，愛護我們獨一無二的地球！

1. 外出的時候，多走路或是搭乘大眾交通工具
　　（像是公車、捷運或是火車），少開車。
2. 以沖澡代替泡澡，隨手關水龍頭，節省用水。
3. 認真分類垃圾、資源回收，減少地球上的垃圾。
4. 物品盡可能重複利用，少買新東西、新衣服。
5. 學習更多環保、愛地球的新知識。
6. 自備環保餐具，少用免洗餐具。
7. 自備購物袋，少用塑膠袋。